U0231908

小小科学家

ZHONGLI YU YUNDONG

重力与运动

著：亚历克斯·库斯科维斯基〔美〕

译：周 辉

A Division of ABDO
ABDO
Publishing Company

时代出版

时代出版传媒股份有限公司
安徽科学技术出版社

[皖] 版贸登记号：12161589

图书在版编目（CIP）数据

重力与运动 /（美）亚历克斯·库斯科维斯基（Alex Kuskowski）著；周辉译. --合肥：安徽科学技术出版社，2016.10

（小小科学家）

ISBN 978-7-5337-7023-5

Ⅰ.①重… Ⅱ.①亚…②周… Ⅲ.①重力-儿童读物②运动学-儿童读物 Ⅳ.①O314-49②O311-49

中国版本图书馆 CIP 数据核字（2016）第 214709 号

重力与运动　　　　　　　　著:亚历克斯·库斯科维斯基[美]　译:周　辉

出 版 人：黄和平　　　　选题策划：张楚武　　　　责任编辑：陈芳芳
责任校对：王一帆　　　　责任印制：李伦洲　　　　封面设计：王　艳
出版发行：时代出版传媒股份有限公司　　http://www. press-mart. com
安徽科学技术出版社　　http://www. ahstp. net
（合肥市政务文化新区翡翠路 1118 号出版传媒广场，邮编：230071）
电话：（0551）63533323
印　　制：合肥华云印务有限责任公司　　电话：（0551）63418899
（如发现印装质量问题，影响阅读，请与印刷厂商联系调换）

开本：787×1092　1/16　　印张：2.25　　字数：50 千
版次：2016 年 10 月第 1 版　　2016 年 10 月第 1 次印刷

ISBN 978-7-5337-7023-5　　　　　　　　　定价：20.00 元

目 录

要了解更多信息，请访问我们的网站：
www.abdopublishing.com

本套丛书由ABDO出版公司出版，该公司隶属明尼苏达州55439，明尼阿波利斯市ABDO, P.O. Box 398166公司。版权归属©2014 Abdo 咨询股份有限公司。国际版权所有，未经出版商书面许可，不得以任何形式复制本套丛书的任何内容。"Super SandCastle™"为ABDO出版公司的商标。

印制：美国明尼苏达州北曼卡多

062013

092013

 可再生环保纸印刷

编辑：莉兹•萨尔兹曼

特约编辑：戴安娜•克莱格（阅读专家）

内容提供者：亚历克斯•库斯科维斯基

封面及内文设计及制作：麦多传媒股份有限公司

图片授权：亚伦•笛福 矢量图片素材

出现在本书中的下列制造商及姓名均为商标：

DecoArt Americana Crystal Sugar Pelouze Pyrex Walking Shop™ by Sportline

Super SandCastle™图书由教育专家、阅读专家及专业内容提供者组成的团队倾力打造而成，内容涵盖五个关键的组成部分：音素意识、声学、词汇、文本理解及流畅性，旨在帮助小读者掌握阅读技巧和策略，增加小读者的常识。Super SandCastle™的所有图书均按照指导阅读、早期阅读干预及快速阅读项目的标准编写、评定及分级，适用于素质教育的各种平衡学习方法，可以独立使用或多人共享，可以在教师指导下使用，也可以用于写作活动。

注意事项

家长或老师请注意:

　　了解科学知识既有趣又简单。不过, 要保证孩子的安全, 还需稍微留意。如果需要帮助你的小小科学家做实验, 请一定先熟悉实验内容。

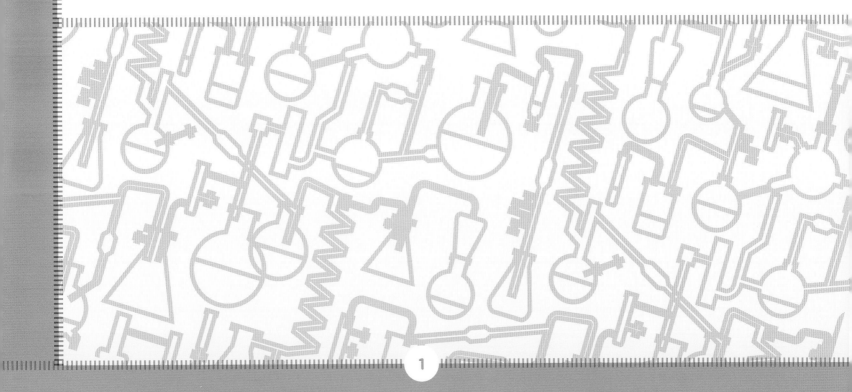

超级简单的科学

你也可以成为科学家哦！这超级简单。你身边处处都是科学。了解身边的世界就是科学趣味性的一部分。科学就在你的家里、院子里以及操场上。你可以用弹珠和尺子寻找科学的身影，黏土和大米里也有科学。不妨试试本书的实验吧！不阅读，怎么知道科学在哪儿呢？

重力和运动中的科学

了解重力和运动中蕴含的科学知识。因为有重力，我们抛出的物体才会下落。阅读本书，看看重力和运动是如何帮助你了解科学知识的吧！

像科学家一样工作

科学家的工作方式很特别，包含一系列的步骤，我们称之为科学方法。按照下面步骤来工作，当一回小小科学家吧!

① 观察某物体。你看到了什么? 它有什么作用?

② 就所观察的物体提一个问题。它有什么特点? 它为什么有这种特点? 它是如何有该特点的呢?

③ 给你提出的问题想一个可能的答案。

④ 通过实验弄清楚自己的答案是否正确，然后将具体情况写下来。

⑤ 思考一下，你之前所想的对吗? 为什么?

跟踪记录

想要像科学家一样，还有一种方法。科学家会把他们做的一切记录下来。因此，准备一个笔记本。做实验的时候，把每一步骤的具体情况写下来。这个超级简单哦!

你需要什么?

气球

书

卡片纸

椅子

黏土

透明胶带

砧板

饮用玻璃杯

吸管

布基胶带

扁玻璃球

漏斗

打孔机

带盖的罐子

大的塑料桶

洗手液

弹珠

量杯和量匙

金属螺母	报纸	颜料	纸杯	铅笔
塑料瓶	圆形纸盘	橡皮筋	尺子	秤
剪刀	小盒子	垒球	勺子	秒表
线	糖	牙签	生米	码尺

01 弹珠的大动量

你需要

两根码尺

尺子

布基胶带

6枚弹珠

指导

① 把码尺放在平坦的表面，两根码尺之间相距2.5厘米，然后用胶布把码尺固定住。

② 把弹珠放在两根码尺中间，弹珠与弹珠要彼此挨着。

③ 让1枚弹珠朝排成行的弹珠滚动。弹珠碰到第一枚弹珠时，另一端的最后一枚弹珠会动哦！

4 滚动两枚弹珠，要同时滚动，让这两枚弹珠触碰其他弹珠。这次会怎样呢？

怎么回事？

滚动的弹珠具有动量，这枚弹珠触碰其他弹珠的时候，动量会从一个弹珠传递到下一个弹珠。两枚弹珠的动量比一枚弹珠的动量大，因此，两枚弹珠会引起另两枚弹珠移动。

02 笨笨的重力实验

你需要

秤
垒球
弹珠
书
纸

指导——第一部分

① 称一称垒球、弹珠,看看哪个更重?

② 一手拿着弹珠,一手拿着垒球,两只手保持在相同的高度。

③ 同时丢下两只手中的物体,结果会怎样?

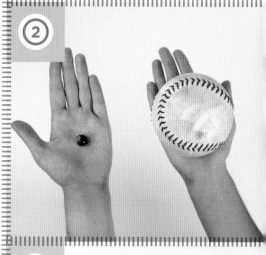

怎么回事?

重力使得物体以同样的速度下落,重量并不影响速度。垒球更重,但是两个物体却是同时触碰地面的。

指导——第二部分

④ 用一张平坦的纸和一本书重复第一部分的实验。这次出现了什么情况？

⑤ 把纸握成纸团。

⑥ 一手拿着纸团，一手拿着书，同时抛下。这次出现了什么情况？

怎么回事？

空气会改变重力的作用方式。平坦的纸很薄，下落的时候空气会将其抬起。因此，纸张下落的速度就会变慢。但是，平坦的纸变成纸团之后，空气对其的影响就变了。纸团和书本的下落速度是一样的。

03 特别奇怪的钟摆

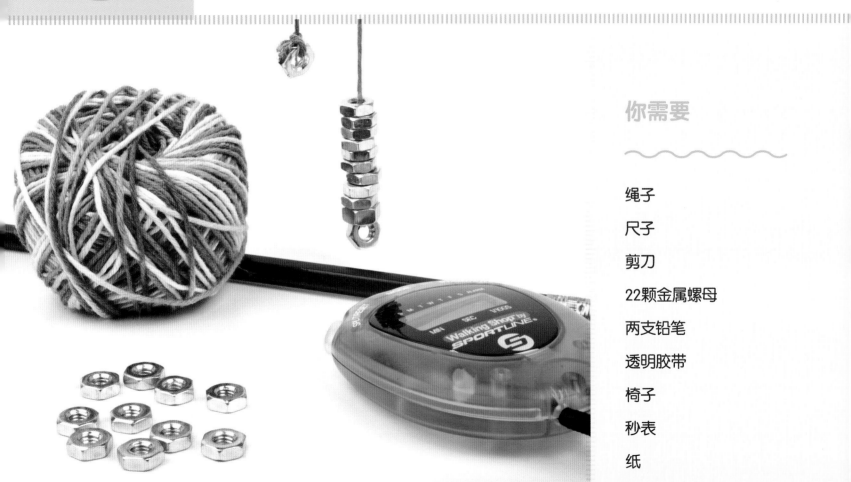

你需要

绳子

尺子

剪刀

22颗金属螺母

两支铅笔

透明胶带

椅子

秒表

纸

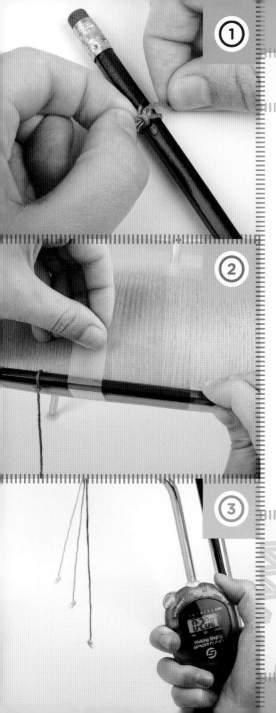

指导——第一部分

(1) 把一根绳子剪成30厘米长，另一根绳子剪成15厘米长。分别把两根绳子的任意一端和一颗螺母相连，另一端分别和一支铅笔相连。

(2) 用透明胶带把和长绳子相连的铅笔粘在椅子的边缘，绳子要往下垂着。用手将绳子拉直，然后松开，开始计时。数一下30秒内绳子摆动的次数，并记下这个数字。

(3) 用较短的绳子重复第二步的做法。

指导——第二部分

(4) 解开绳子上的铅笔。每条绳子上各系10颗螺母，然后把绳子重新系在铅笔上。

(5) 用透明胶带把和长绳子相连的铅笔贴在椅子的边缘。将长绳子拉直，然后放手，开始计时。数一下30秒内绳子摆动的次数，并记下这个数字。

(6) 用较短的绳子重复第五步的做法。

7 将第一部分和第二部分的数字作比较。有什么不同？有什么相同之处？

怎么回事？

绳子就是**钟摆**。绳子的长度影响钟摆摇动的速度。绳子越短，钟摆摇动得越快，但绳子上的重量并不影响钟摆的摇动。

○4 弹珠滚动，真壮观!

你需要

报纸

颜料

纸杯

弹珠

勺子

两个圆纸盘

剪刀

运动一旦开始, 什么时候才结束呢?

指导

1　用报纸把工作台覆盖起来。把一些颜料放在纸杯中。

②　把弹珠放在颜料中, 然后用勺子把弹珠取出, 放在纸盘上。轻轻推动弹珠。发生什么情况了?

③　从第二个盘子上剪下一个三角形。

④　然后重复第二步的做法, 这次发生什么情况了? 比较两次弹珠滚动的颜料轨迹。

怎么回事?

在没有外力的情况下, 物体会沿直线运动。盘子的边缘呈弯曲状, 因此, 弹珠会沿着曲线滚动。弹珠滚到盘子的豁口处, 又会恢复直线运动。

05

两本书, 变羽毛

你需要

两本同样大小且有一定
厚度的书

书 "锁" 在一起啦!

指导

1. 把两本书都翻到最后一页。

② 将其中一本书的最后一页盖在另一本书的最后一页上, 然后将第一本书倒数第二页覆盖在第二本书倒数第二页上。

③ 以此方式把两本书的页面相互依次覆盖, 一直到封面。

4. 尝试把两本书扯开。

⑤ 拿着其中一本书, 尝试让另一本书掉落。

怎么回事?

两本书不会分开, 因为每一页纸都被其他纸压着, 这就形成了**摩擦力**, 摩擦力让两本书紧紧地贴在了一起。

06

神秘的科学摩擦力

你需要

漏斗

两个塑料瓶

生米

两支铅笔

指导

① 用漏斗往每个瓶子里装米，装到距离瓶口2.5厘米即可。

2 把其中一个瓶子盖上盖子，然后摇晃瓶子。把盖子拿掉，这时瓶子看上去像是满了。

③ 把另一个瓶子的底部粘在坚硬的表面之上，然后用手指把瓶子里的米往下压。腾出空间之后，继续往瓶子里装米。重复这一步骤，直到瓶子里再也装不下米为止。

④ 每个瓶子里插入一支铅笔，然后把铅笔往上拉，发生什么情况了?

怎么回事?

第二个瓶子里的米更多，多出的米产生了更大的**摩擦力**，摩擦力使得铅笔很难拉出。结果就是，你把整个瓶子都拉起来了!

07

神奇的米电梯

你需要

黏土
带盖的罐子
生米
漏斗

指导

① 把黏土揉搓成球形。

2　把黏土球轻轻放在罐子的底部。

③ 用漏斗往罐子里装米, 装满罐子的三分之二即可。

④ 轻轻拧上罐子的盖子, 上下晃动罐子, 直到黏土球 "跑" 到
米的上面为止。

怎么回事?

晃动罐子的时候, 米把小球下面的空间填满了, 小球就会上升, 虽然小球比米重, 但还是会升到罐子的顶部。

不可思议的平衡法

你需要

吸管

牙签

黏土

有黏土、牙签和吸管, 就可以公然挑衅重力啦!

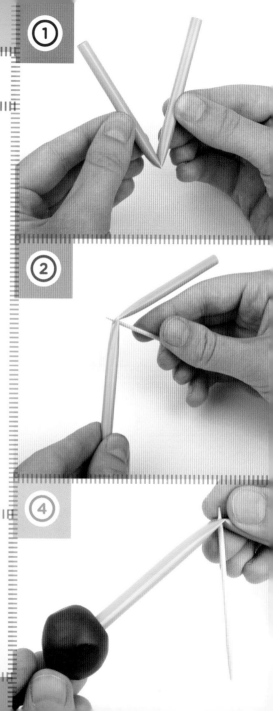

指导

1. 把吸管对折。

2. 用牙签的一端穿透吸管的折痕处。

3. 将黏土揉搓成两个小球, 大小相同。

4. 在吸管的每一端分别放一个小球。

5. 把牙签的一端放在手指上, 保持牙签平衡, 然后尝试把牙签放在桌子边缘。

怎么回事?

每个物体都有重力的中心。在重力的中心位置, 物体的重量靠这个点支撑。牙签处在吸管的重心部位, 因此, 它可以保持吸管平衡。

会漂又会飞的气球船

你需要

大塑料盆

水

纸杯

剪刀

打孔机

吸管

尺子

气球

橡皮筋

黏土

指导

1 往塑料盆里装水，把纸杯的上面一半剪掉，然后用打孔机在靠近纸杯底部的一侧打孔。

② 将吸管剪下5厘米长的一段。将吸管的一端插入气球，然后用橡皮筋将其固定。

③ 把吸管和气球放到纸杯里面，再把吸管从打好的孔里穿出。

④ 用黏土将杯子里侧的孔堵住。把气球吹起来，然后捏住吸管，以免气球漏气。把杯子放入塑料盆，放开手。

怎么回事？

一切作用力都有反作用力。当空气从气球中跑出来时，就会推动气球向前。空气朝一个方向运动，气球就会朝相反的方向运动！

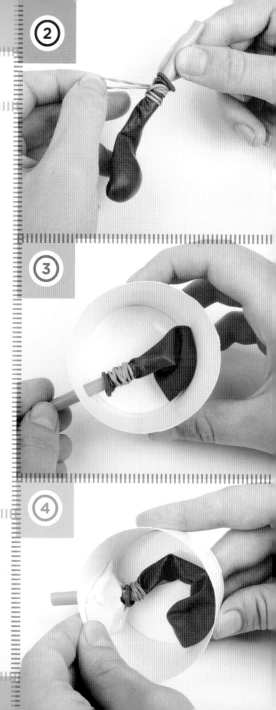

扁玻璃球跌落

你需要

卡片纸

铅笔

尺子

剪刀

透明胶带

喝水的杯子

水

扁玻璃球

指导

1 在卡片纸上画一个长方形，宽5厘米，长25厘米，然后剪下来。

② 用透明胶带把长方形的宽贴起来，形成一个纸环形状。

③ 往杯子里装满水，然后把纸环放在杯子边缘，保持平衡，接着再把扁玻璃球放在纸环上面。

④ 用铅笔穿过纸环，然后迅速向左移动。纸环会从杯子上掉下来，那玻璃球会怎么样呢？

怎么回事？

玻璃球没有停留在纸环上，而是掉进了玻璃杯。纸环突然挪开，在重力的作用下，玻璃球会直接向下运动。

粗糙和平滑——摩擦力

你需要

橡皮筋

剪刀

小盒子

透明胶带

弹珠

砧板

尺子

1杯糖

两汤匙洗手液

量杯和量匙

指导

① 把橡皮筋剪断，然后将一端贴在箱子的一侧，往箱子里装满弹珠。

2　把箱子放在砧板的一端。

③ 慢慢拉动橡皮筋。箱子移动之前，测量橡皮筋有多长。箱子开始移动时，再测量橡皮筋有多长。

④ 在砧板上均匀地撒上糖，然后重复第三步的做法。

5　把糖清理干净，然后在砧板上均匀地撒上洗手液，再重复第三步的做法。

怎么回事?

粗糙表面比平滑表面的**摩擦力**更大。糖增加了箱子和砧板之间的摩擦力，因此，拉动箱子时更费力。洗手液减少了摩擦力，因此，拉动箱子时也就更省力。

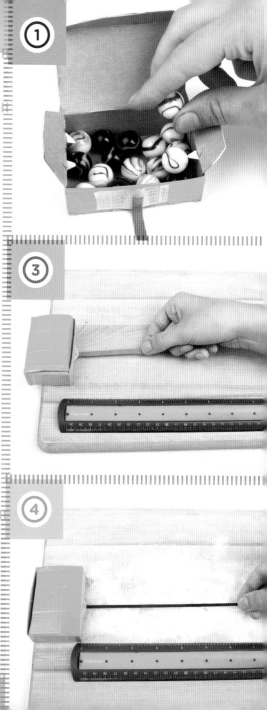

总结

发现科学超级简单了吧!

这只是与重力和运动相关的实验哦。

继续开动脑筋,想一想,

还可以做哪些与重力和运动

相关的实验呢?

译者简介

周辉: 英语语言文学硕士, 现任职于安徽农业大学, 具有丰富的翻译及教学经验。曾翻译、出版过多本译著。

词 汇 表

弄皱——挤压某物或让某物弯曲变形

摩擦力——相互接触的表面之间的阻力

动量——运动中的物体因其质量和速度而产生的力

重叠——让某物体的一部分处在另一物体之上, 彼此接触

钟摆——悬挂在某一点上可以自由摆动的物体

反作用力——因一个物体或一种力的作用或运动而引发的另一个物体或另一种力的作用或运动的力

You Wouldn't Want to Live Without...

"身边的科学真好玩"系列带您穿越，与著名发明家、昆虫学家、医学家等各具特色的人物一起，亲身经历各种精彩的冒险旅程。

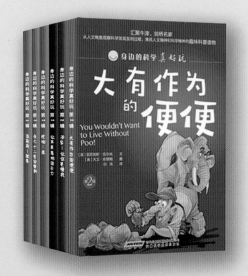

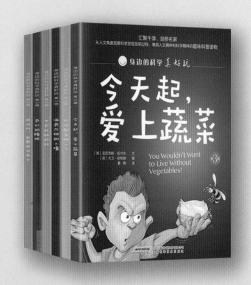

24个好玩的主题，身边常见的平凡事物，

带着背后**智慧迸发**的科学发展历程，

与您共同游走**科学的世界**！